BEI GRIN MACHT SICH IHR WISSEN BEZAHLT

- Wir veröffentlichen Ihre Hausarbeit, Bachelor- und Masterarbeit

- Ihr eigenes eBook und Buch - weltweit in allen wichtigen Shops

- Verdienen Sie an jedem Verkauf

Jetzt bei www.GRIN.com hochladen und kostenlos publizieren

Christian Hainzinger

Der Monsun Ostasiens - Arten, Ablauf und Auswirkungen auf den Menschen

GRIN Verlag

Bibliografische Information der Deutschen Nationalbibliothek:

Die Deutsche Bibliothek verzeichnet diese Publikation in der Deutschen National-
bibliografie; detaillierte bibliografische Daten sind im Internet über http://dnb.d-
nb.de/ abrufbar.

Impressum:

Copyright © 1999 GRIN Verlag GmbH
Druck und Bindung: Books on Demand GmbH, Norderstedt Germany
ISBN: 978-3-640-30206-2

Der Monsun Ostasiens

Inhalt:

1. Problemstellung

Die klassische Definition von Monsunen geht von vier Faktoren aus[1]:

1. Monsunwinde sind Winde mit einem markanten jahreszeitlichen Wechsel in der Windrichtung um mindestens 120°.
2. Monsune, die vom Meer in Richtung Land wehen, sind feucht, nicht stabil und bringen Regen. Monsune in entgegengesetzter Richtung sind trocken, stabil und bringen keinen Regen.
3. Die Ursache für Monsune ist die unterschiedliche Aufheizung von Land und See.
4. Tropische Monsune werden als umgelenkte Winde der Südhalbkugel gesehen, die über den Äquator hinweg auf die Nordhalbkugel wehen und dort durch die Corioliskraft umgelenkt werden.

Diese Definition erwies sich jedoch als nicht haltbar. Zuviele Winde wären demnach Monsunwinde gewesen; z.B. wurde auch das europäische Windsystem mit seinem Wechsel von SW im Winter auf NW im Sommer als Monsun bezeichnet.[2] Wird jedoch die Genese, d.h. der Zusammenhang zwischen der Frontogenese, der planetarischen Zirkulation, der jahreszeitlichen Verteilung der Niederschläge und die unterschiedliche Erwärmung der jeweiligen kontinentalen und ozeanischen Bereiche beachtet, dann reduziert sich das Gebiet der tropischen Monsune auf Süd- und Südostasien sowie Ostasien, ausserdem noch auf Nordostafrika und Nordaustralien.[3]

Dabei traten jedoch in der Vergangenheit erneut Probleme auf: Der ostasiatische Monsun passte nicht ganz ins Bild. Er hat im Sommer eine südöstliche Richtung im Gegensatz zur südwestlichen Richtung des südasiatischen Monsuns, und – vor allem – er ist im *aussertropischen* Bereich wirksam, nämlich im subtropischen China und im subtropisch-gemässigten Japan.

Erklärungsversuche zielten auf eine Verbindung von süd- und ostasiatischem Monsun. So schrieb Flohn 1971: „Auf Grund der Bodenwinde und der Luftdruckverteilung kommt man (...) ungezwungen zu einer Verbindung zwischen der indischen Monsunkonvergenz und der chinesischen Polarfront, so dass verschiedene Autoren eine einheitliche Konver-

---

[1] Flohn S.234ff., Weischet S.552ff.
[2] zur Kritik dieser und ähnlicher Auffassungen s. Weischet S.552.
[3] Weischet S.553.

genzlinie vom afrikanischen Sudan über Nordindien bis nach Nordchina in etwas 40°
Breite zeichnen, die dann wieder stark nach Süden in Äquatornähe zurückbiegt."[4]
Doch bei Berücksichtigung der aerologischen Verhältnisse der gesamten Troposphäre er-
gibt sich ein anderes Bild, das von Flohn im Folgenden auch beschrieben wird. Es beruht
v.a. auf der Erforschung der Jetstreams über Asien und der Luftdruckverhältnisse im asia-
tisch-pazifischen Raum und macht deutlich, dass das Phänomen des ostasiatischen Monsuns gesondert betrachtet werden muss. Naturgemäss haben sich japanische und chinesische Klimaforscher und Meteorologen bei seiner Erforschung besonders engagiert.

Im Folgenden sollen der ostasiatische Wintermonsun sowie sein Gegenstück, der Sommermonsun beschrieben und analysiert werden. Dabei werde ich sowohl auf die klima-
geographischen Komponenten als auch auf die Auswirkungen für die betroffen Kultur-
räume eingehen. Abschliessend soll dann der Kreis mit der Frage geschlossen werden, ob
Verbindungen zum südasiatischen Monsun vorhanden sind und welche Qualität sie haben.

---

[4] Flohn S.29.

2.   Der Wintermonsun

2.1. Polarfront und Jetstream

Der Wintermonsun Ostasiens ist gekennzeichnet durch zwei Druckgebilde, dem Kältehoch über Sibirien und der Mongolei sowie dem Aleutentief. Wollte man das Phänomen jedoch auf die Wechselwirkung zwischen diesem Zyklon – Antizyklon – Paar reduzieren, würde man der Komplexität des ostasiatischen Monsuns bei weitem nicht gerecht werden und man würde ihn auch nicht verstehen können.

Von nicht geringer Bedeutung sind nämlich auch Jetstreams sowie die Lage und Bewegung der Polarfront.

Damit eine kalte Luftmasse wie die, die das sibirische Kältehoch bildet, sich überhaupt stabilisieren kann, muss sich das Hitzetief über Pakistan abbauen. Das passiert Ende September. Eine Antizyklone kann sich über Nordasien bilden, die von polarer Luft gespeist wird.

Zu dieser Zeit existieren in Asien *zwei* Polarfrontsysteme:[5]

1. Die pazifische Polarfont, die südlich des Hochlands von Tibet verläuft und über Südchina zum Pazifik gelangt. Sie verläuft unter dem subtropischen Westjet, der im Januar Geschwindigkeiten von 130 Knoten erreichen kann.

2. Die eurasische Polarfront, die über Nordasien liegt. Sie ist bei weitem deutlicher ausgeprägt als ihr südliches Pendant und zeichnet die Mäander des Polarjets nach, der bei 120°N über dem Ostatlantik, Westsibirien und dem Ostpazifik nach Süden vordringt. Er erreicht in der Nähe Japans Spitzengeschwindigkeiten.[6]

Beide Systeme konvergieren über dem Pazifik südlich von Japan und machen sich hier durch ein relativ schmales Wolkenband bemerkbar. Darüber hinaus spielen die beiden Jets eine wichtige Rolle beim Entstehen von Stürmen über dem Japanischen Meer.[7] Ding sieht Parallelen in der von Uccellini und Kocin an der Ostküste der USA untersuchten Situation und der Situation in Ostasien.

Auch über dem Osten der USA existieren zwei Jetstreams, die sich annähern. Dabei entstehen zwei dreidimensionale Wirbel, die die ganze Troposphäre einnehmen kön-

---

[5] Yoshino (1971) S.91ff., Fig.2 [Abb.1], S.96/97, Fig.4a [Abb.2].
[6] Yoshino (1971) S.94, Fig.3(a) [Abb.3].

nen. Der eine Wirbel bildet sich direkt in der Region, wo die Jetstreams zusammen-
fliessen, und zwar ageostrophisch, rechtwinklig zur Strömungsrichtung der Strahl-
ströme. Am Ausgang der Konvergenzregion bildet sich auf indirektem Weg eine zweite Zirkulation, die der ersten entgegengerichtet ist. Die gegenseitigen Wechselwirkun-
gen beider Zirkulationen beeinflusst die Wolken- und Niederschlagsbildung zwischen
der Region der Confluenz und der Region der Diffluenz der Jet- streams.

Obwohl in Ostasien solche Vorgänge noch nicht erforscht wurden, folgert Ding aus
den durch Beobachtungen gewonnen Daten zur Genese von Schneestürmen, dass hier
ähnliche Beziehungen zwischen Stürmen und Zugbahnen von Jetstreams existieren.

Als Folge der südlichen Lage der Polarfront kann polare Kaltluft weit nach Süden vordringen.[8] Diese Wellen kalter Luft werden durch das tibetische Hochland daran gehindert,
noch weiter nach Süden zu fliessen und weichen in südöstliche Richtung aus. Auf die glei-
che Weise wird hier auch die Polarfront in ihrer Position gehalten. Weil sie aber vom Verlauf des Westjets abhängt, liegt die Vermutung nahe, dass sich das tibetische Plateau bis in
die Höhen der Jetstreams durchpaust.

2.2. Zyklone und Antizyklone

Das Kältehoch, das sich so gebildet hat, kann sehr hohe Luftdruckwerte aufweisen. Sie
schwanken zwischen 1030mb in Phasen schwacher Ausbildung und bis zu 1080mb in Phasen, wo das Hoch stark entwickelt ist[9]. Die Antizyklone ist nicht den ganzen Winter über
stabil, sondern schwächt sich immer wieder ab, bis eine neue Welle aus dem Polargebiet
sie wieder aufbauen kann. Die Luft jedoch, die aus dem Hoch als NW-Wind über die
Mandschurei und das Japanische Meer Richtung Pazifik herausfliesst, ist wegen des Cha-
rakters des Kältehochs als Inversion sehr stabil geschichtet.

Das Aleutentief, die zweite Hauptkomponente des Wintermonsuns in Ostasien, ist die zur
sibirischen Antizyklone gehörende Zyklone, die sich als Teil der subpolaren Tiefdruckrinne bildet. Der Luftdruck innerhalb der rein ozeanischen Zyklone kann bis weit unter
1000mb absinken.

Nachdem beide Systeme auf annähernd der gleichen geographischen Breite liegen (50 –
55°N), entstehen enorme Druckgefälle, die starke Gradientenwinde zur Folge haben.[10]

---

[7] Ding S.127, Fig.2.24 [Abb.4].
[8] Yoshino (1977) S.66, Fig.4.1 [Abb.5].
[9] Ding S.99f.
[10] Yoshino (1977) S.71, Fig.4.3 [Abb.6].

Diese starken NW – Winde bringen das typische Wetter des ostasiatischen Wintermonsuns. Dabei muss zwischen Japan und China unterschieden werden. Zwar ist der Wintermonsun in beiden Ländern wirksam, jedoch in höchst unterschiedlicher Ausprägung.

2.3. Der Wintermonsun in Japan

In Japan führt er zu einer ausgeprägten Ost-West-Differenzierung. Obwohl die Winde aus Sibirien kalt und trocken sind, führen sie im Westen des Landes, an der Küste des Japanischen Meeres, zu enormen Niederschlägen in Form von Schnee. Schneehöhen von 1,40m sind nicht ungewöhnlich, der Rekord liegt bei 3,77m, gemessen im Februar 1946 in Takada in Mittelhonshu.[11] Auf der pazifischen Seite Japans hingegen herrschen gänzlich unterschiedliche Verhältnisse: Der Schneehöhenrekord für Tokyo liegt bei 46cm (1883)! Diese Unterschiede vor allem in der winterlichen Witterung sind auch ein Grund für die Zweiteilung Japans in „Ura-Nippon" (Hinterjapan = benachteiligte Region: Verkehr im Winter eingeschränkt, grössere Städte erst seit dem 20.Jh.) und „Omote-Nippon" (Vorderjapan = bevorzugte Region: Hauptsiedlungsregion, grosse Städte, geschützte Häfen).[12] Wenn man dann noch die geographische Breite Japans berücksichtigt, die etwa mit der des südlichen Mittelmeers vergleichbar ist, sind die genannten Schneehöhen noch bemerkenswerter. Sie markieren weltweit die Südgrenze der Schneeakkumulation (29°N).

Der Grund für diese auf den ersten Blick ungewöhnliche Niederschlagsverteilung im Winter ist nur indirekt der NW-Monsun. Erst seine Modifikation während der Überquerung des relativ warmen Japanischen Meeres führt zur Anreicherung der – wie oben erläutert – sehr kalten und deshalb sehr trockenen Luft aus Sibirien mit Feuchtigkeit. Wie die Karte der Meeresströmungen um Japan und die Karte der Januar-Isothermen zeigen, kann der warme Kuroshio die Wassertemperatur bis nach Hokkaido positiv beeinflussen.[13]

Das zeigt sich zuerst etwa 100km *vor* der japanischen Küste, wenn sich konvektiv Wolken bilden, die sich bis etwa 2000 – 3000m auftürmen können. Dabei unterschiebt die kalte sibirische Luft die relativ wärmere Luft über dem Japanischen Meer, die dadurch dynamisch gehoben wird. Durch die hochreichende Labilisierung der Luft kommt es daher schon auf dem Meer zu Niederschlägen,[14] die sich noch verstärken, wenn die labile Luft auf das Festland trifft und hier orographisch weiter angehoben wird. Durch die Abkühlung kondensiert

---

[11] Yoshino (1977) S.73ff.
[12] vgl. Fotos Yoshino (1977) S.74/75 [Abb.7, 8].
[13] [Abb.9, 10]
[14] die lokale Front, die sich hier bildet, wird „Hokuriku-Front" genannt.

Wasser aus und die Luft wird durch die freiwerdende Verdunstungswärme weiter destabilisiert.

Hat die Luft jedoch erst einmal die in Nord-Süd-Richtung verlaufenden Gebirge Japans überwunden, wird ein anderer Effekt wirksam, der in den Alpen als „Föhn" bekannt ist: Die ihrer Feuchtigkeit beraubte Luft bewegt sich wieder abwärts, wird dabei stabil und erwärmt sich durch die Druckzunahme. Die Folge davon ist schönes Wetter mit blauem Himmel auf der pazifischen Seite Japans. Hier kann es sogar zu regelrechter Trockenheit kommen, was regelmässig Waldbrände zur Folge hat – die meisten Brände entzünden sich in Japan im Winter ![15]

Wenn am Pazifik Schnee fällt, dann meist infolge eines Einbruchs von Tiefdruckgebieten aus der Region des Ostchinesischen Meeres im Spätwinter oder Frühling.

Doch auch auf der Westseite Japans fällt nicht den ganzen Winter über Schnee. Es wurde schon gesagt, dass die Kaltluft schubweise aus Sibirien herausfliesst. Bei der zeitlichen Verteilung dieser Kaltluftschübe – und damit der Schneefälle in Japan – lässt sich eine positive Korrelation mit dem Luftdruck in Sibirien und eine negative mit dem Zustand des Aleuten-Tiefs feststellen: Ist die Antizyklone über Sibirien gut entwickelt, d.h. sind die Druckunterschiede zwischen den beiden Systemen gross, bläst der NW-Monsun stark und es können in Japan heftige Schneefälle erwartet werden.

Warum kann die feuchte Luft nun die Gebirge Japans, die in ihren höchsten Regionen, in den Japanischen Alpen, meist um 3000m hoch sind, in weiten Bereichen aber weit unter diesen Höhen liegen, nicht übersteigen ?

Der Charakter der sibirisch-kontinentalen Antizyklone bringt es mit sich, dass die Dicke der Luftschicht – gemessen an den Windgeschwindigkeiten und den Auswirkungen, die sie mit sich bringen – überraschend gering ist: Selten werden mehr als 2000m erreicht, oft sogar weniger als 1000m. Nimmt man das 850mb – Niveau als Bezugsniveau, bildet es die Obergrenze des Kältehochs. Das 700mb – Niveau direkt darüber zeichnet die Bewegung der Ostströmungen um Tibet herum nach und wird offensichtlich von dem im 1000-850mb – Niveau deutlich erkennbaren Hoch über Sibirien nicht beeinflusst.[16]

Diese flache Kaltluftzunge kann die Gebirge vor allem Mitteljapans nicht übersteigen. Sie wird zusätzlich abgeblockt durch pazifische Hochdruckzellen, die sich südlich des Westjets ausbilden. Aufgrund dieser Situation kann sich hier auch erst die Polarfront so stabilisieren, dass sie – zusammen mit ihren Nebenfronten, wobei hier nur die Hokuriku-Front interessiert – ihre Lage von Januar bis Juli nur um 8° in Nord-Süd-Richtung ändert – der

---

[15] Yoshino (1977) S.65.

Zusammenhang mit dem Westjet wird erneut klar: Er ändert die Lage seiner Achse um maximal 10° im selben Zeitraum.[17]

Die Dauer des Wintermonsuns ist also abhängig von der typischen Druckverteilung zwischen Sibirienhoch und Aleutentief. Eine Tabelle der Häufigkeit dieser typischen Situation in den Jahren 1907-1966 zeigt, dass spätestens ab Mitte Oktober, aber auch schon ab Ende September mit dem Beginn des Monsuns gerechnet werden muss. Anfang Dezember nimmt dann die Aktivität des Monsuns innerhalb von nur 5 Tagen signifikant zu, um im Januar das Maximum zu erreichen (62% Wahrscheinlichkeit). Anfang Februar nimmt sie dann plötzlich – wieder innerhalb von nur 5 Tagen – ab, ohne dass bis jetzt ein Grund dafür bekannt wäre, und erreicht ein zweites Maximum mit 52% Wahrscheinlichkeit Mitte Februar. Sie nimmt dann allmählich ab, um Anfang April ganz zu verschwinden.[18]

2.4. Der Wintermonsun in China

In China wirkt sich der Wintermonsun ganz anders aus.[19]

Ähnlich wie in Japan wird er sehr schnell wirksam: Innerhalb von 10 Tagen löst er den Sommermonsun ab, wobei die Front in 1,5 Monaten China überquert.

Diese relativ hohe Geschwindigkeit hängt mit den Druckverhältnissen über Asien zusammen: Erst wenn sich das indisch-pakistanische Hitzetief aufgelöst hat, kann der Monsun aus dem sibirischen Kältehoch wirksam werden.[20]

In China bringt der Wintermonsun jedoch keine Niederschläge. Da die kalte Luft kein Meer überquert, kann sie auch nicht nach Art der Luftmassen, die Japan erreichen modifiziert werden. Sie bleibt kalt und trocken und überquert China in südlicher Richtung als sogenannte „Kaltluftwelle".

Kaltluftwellen treten auf, wenn der Druckgradient zwischen sibirischem Hoch und Aleutentief gross ist[21] und wandern in Richtung der äquatorialen Tiefdruckrinne, von der sie gewissermassen angesaugt werden. Dabei bleiben sie aber auf die unteren 2000m der Troposphäre beschränkt, so dass sie von topographischen Begebenheiten wie Berg- und Hügelländern oder Tälern beeinflusst und gelenkt werden können.

---

[16] Ding S.131, Fig.2.26 [Abb.11].
[17] Yoshino (1971) S.89.
[18] Yoshino (1977), S.67ff. und Tab.4.1.
[19] Domrös / Peng S.45-52 (Kap.3.3.3. und 3.3.4.), Ding S.91-173 (Kap. 2).
[20] Domrös / Peng S.43ff.
[21] daraus resultiert eine gewisse Vorhersagbarkeit der Kältewellen: Wenn sich das Kältehoch aufbaut, kann auch eine neue Kältewelle erwartet werden.

Die Kältewellen verfolgen bei ihrem Weg über China gewisse Bahnen, die einerseits durch die Topographie, andererseits durch die aerologischen Verhältnisse vorgeprägt sind:[22]

Nach ihrer Entstehung im Raum des Arktischen Meers bzw. Nordsibirien wandern sie zuerst nach Süden, um dann nach Osten umzubiegen. Neben diesen Hauptströmen, die in Japan den Wintermonsun bilden, gibt es aber auch diverse Zweige, die wieder nach Süden bzw. Südosten abgelenkt werden und dann ganz China überqueren können.

Die Genese der Kaltluftwellen hängt wiederum mit dem Westjet zusammen – teilweise wurden diese Vorgänge schon oben erwähnt im Zusammenhang mit den Ausbrüchen von Kaltluft aus dem sibirischen Hoch. Doch nicht nur die aerologischen Vorgänge rund um die Jetstreams selbst spielen eine ursächliche Rolle, sondern auch die planetarische Zirkulation in diesem Raum. Ich gebe hier kurz eine Abfolge von Ereignissen wieder, die Ding im Zusammenhang mit der Entstehung von Kaltluftwellen festgestellt hat:[23]

Nach der Verstärkung der Advektion kalter Luft über Nordchina verstärkt sich der Jet nahe Japan, ausserdem geraten die zuvor parallelisierten West- und Ostasiatischen Jets aus der Phase: Dem Maximum des einen folgt das Minimum des anderen leicht zeitverschoben. Ein Trog der oberen Troposphäre bewegt sich ostwärts und vertieft sich über Nordjapan; dieser Vorgang geht dem Ausbruch einer Welle unmittelbar voraus.

Sofort nach dem Eintreffen der Welle in Südchina verstärken sich die zuvor schon vorhandenen Störungen über dem Südchinesischen Meer und die damit verbundene Konvektion. Die Stärkung der lokalen Hadleyzelle hält aber nicht allzu lange vor, denn die Luft wird weiter entlang des Äquators in den Zentralpazifik bzw. Richtung Afrika beschleunigt.

Kältewellen können Temperaturstürze von 10°C in 24 – 48 Stunden verursachen – die Folgen sind oft verheerend: Die vor allem in Südchina angebauten tropischen und subtropischen Feldfrüchte überleben oft die normalerweise 4 – 6 Tage dauernden Kälteperioden nicht.

---

[22] Domrös / Peng S.50, Fig.3.12 [Abb.12], Ding S.94ff., Fig.2.5 [Abb.13]. Der Ursprung der kalten Luft in Nordeurasien ist übrigens auch von paläoklimatischer Seite belegt: In nordatlantischen Tiefseesedimenten und grönländischen Eisbohrkernen nachgewiesene Kältephasen während der Eiszeit liessen sich auch in gleichzeitigen chinesischen Lößablagerungen nachweisen. Winde nordatlantischen Ursprungs mussten damals bis China gelangt sein – was sie in abgeschwächter Form auch heute noch tun. Vgl. Bissoli in: NR 9/1996.
[23] Ding S.141f., Fig.2.36 [Abb.14]

<u>**3.**</u> **Der Sommermonsun**

Der Ablauf des Sommermonsuns sowie seine Genese sind völlig verschieden vom Wintermonsun. Er ist kein Phänomen, das schubweise auftritt, sondern ist kontinuierlicher und hat – besonders in Japan – eine relativ lange Phase, wo der Niederschlag, das prägende Element dieses Monsuns, ganz aussetzt.

Das Druckgebilde, das den Sommermonsun hauptsächlich beeinflusst, ist in Japan die Polarfront bzw. in China die intertropische Front. Diese Darstellung bedarf jedoch einer genaueren Erklärung.

<u>**3.1.**</u> **Der Ablauf des Sommermonsuns**

Wenn der Wintermonsun im April seine Aktivität verliert, beginnt die Jahreszeit, die in China „Mei-yu", in Korea „Mae-ue" und in Japan „Baiu" genannt wird – womit auch schon der Bereich genannt ist, der vom ostasiatischen Sommemonsun beeinflusst wird. Sein Ablauf lässt sich wie folgt darstellen:[24]

1. In Südchina und an der japanischen Pazifikküste tauchen Mitte bis Ende Mai auf den Satellitenbildern zwei zwar nur wenige hundert Kilometer breite, aber einige tausend Kilometer lange Frontalzonen auf. Die nördliche ist die eurasische Polarfront, die über dem Ochotskischen Meer und der Mandschurei verläuft. Die südliche ist die pazifische Polarfront. Sie verursacht ein schmales Wolkenband, das von Taiwan aus in Richtung Nordost schon Niederschläge bringt. Nördlich und südlich davon befinden sich Antizyklone, die Bewölkung verhindern. Das Wolkenband kann sich mit dem des Aleutentiefs (d.h. der eurasischen Polarfront) verbinden.

2. Zwischen China und Japan beginnt sich eine scheinbar durchgehende Front zu entwickeln, gekennzeichnet durch ein Wolkenband. Die Achse des Polarjets wandert nach Süden und verbindet sich mit der Achse des subtropischen Westjets. Die Niederschlagszone produziert Mitte Juni heftigere Regenfälle. Sie reicht jetzt vom Yangtze bis nach Südwestjapan.[25]

3. Anfang Juli erreichen die Niederschläge ein Maximum. Die Zone der Fronten erstreckt sich jetzt von Zentralchina über das Ostchinesische Meer und Korea bis nach Kyushu über eine Entfernung von 4000 – 5000km. Die wolkenlose Zone im Pazifik,

---

[24] Yoshino (1971) S.11ff., Fig.3, 5 [Abb.15, 16], S.79ff., S.134ff., Fig.3a-d [Abb.19, 20]; Domrös/Peng S.52ff.

die die pazifische Antikzyklone (d.h. das Pazifikhoch) markiert, liegt jetzt nordöstlich der Philippinen, während über den südlichen Philippinen ein Wolkenband die ITC nachzeichnet.

4. Die Frontenzone löst sich Mitte Juli auf und wandert Richtung Norden. Die Achse des Westjets liegt jetzt wieder um 10° nördlicher als noch einen Monat zuvor. Nur zwischen Korea und Mitteljapan sowie auf der Pazifikseite des südlichen Japan verbleiben noch Regengebiete, die aber erst jetzt enorme Niederschlagsmengen produzieren. Ein Rekord wurde am 25./26. Juli 1957 registriert, als innerhalb von 24 Stunden 1109,2mm Regen fielen.

Die Wolken nördlich von Japan bis zu den Aleuten gehören zum jetzt wieder separaten Aleutentief. Das wolkenfreie Gebiet über Japan und China zeigt die Expansion und Wanderung des Pazifikhochs. Bei den Philippinen sind vereinzelte Wolkengebiete zu sehen, die zur ITC gehören, die aber über dem Südchinesischen Meer ebenfalls in ein wolkenloses Gebiet übergehen – ein Zeichen, dass die ITC hier abreisst.

Wie kommt nun dieser Ablauf zustande ? Der Schlüssel sind die Fronten über Japan und China, die die einströmenden Winde und damit die Niederschläge steuern sowie das Tibethoch.[26]

---

[25] [Abb.21]
[26] Yoshino (1971) S.78, Fig.1/2 [Abb.22]

3.2. Klimatologie: Fronten, Jetstreams, indischer Monsun

Der ostasiatische Sommermonsun ist von mehreren Faktoren abhängig:[27]

Aus der kalten Antizyklone über Australien überqueren Winde den Äquator und fliessen in die ITC hinein. Da zwischen den Philippinen und Indochina der Frontenverlauf der ITC gestört ist, können diese Luftmassen als SW-Winde den Äquator überqueren und gelangen bis nach China und Japan. Die Ablenkung des S-Windes zum SW-Wind geschieht sowohl unter Einfluss des indischen SW-Monsuns als auch des Pazifikhochs, an dessen Westrand die transäquatorialen Strömungen entlangfliessen.

Sie unterfliessen dabei die warm-feuchte äquatoriale Luft und labilisieren sie so. Diese labilisierten Luftmassen werden von der Luftströmung – Ding nennt sie „low-level jet" – mitgerissen und zeigen sich auf Satellitenbildern als langes Cumuluswolkenband von Nordaustralien und Indonesien bis nach Südchina, wo sie den Beginn des Sommermonsuns verursachen. Sie fliessen dann als Zweig der meridionalen Zirkulation in der oberen Troposphäre zurück in die südliche Hemisphäre, wo der Kreislauf in der Wärmesenke Australiens erneut beginnt.[28] Dabei wird möglicherweise der tropische Ostjet wirksam.

Da seine Intensität mit der Niederschlagstätigkeit in China parallel läuft, muss zwischen beiden ein Zusammenhang existieren. An seinem Nordrand wurden bei 30°N starke Aufwärtsbewegungen beobachtet, die für einen Teil der Niederschläge verantwortlich sind. Durch diese Aufwärtsbewegungen wird aber auch die aus Australien stammende Luft mit hoch gerissen und nach Süden transportiert, bis sie in Höhe des 30. südlichen Breitengrades wieder absinkt.[29]

Die südöstliche Komponente des Sommermonsuns, die bestimmend wirkt, resultiert aus der Dynamik der westpazifischen subtropischen Antizyklone.[30]

Die Zone des Aufeinanderprallens von subtropischem (SE-) Monsun und polar-maritimen Luftmassen aus einem Kältehoch über dem Ochotskischen Meer ist die pazifische Polarfront. Wo der tropische (SW-) Monsun zusammen mit den äquatorialen Strömungen auf die polaren Luftmassen bzw. Störungen südlich der eurasischen Polarfront trifft, entsteht die Intertropikfront, die sich bis nach Indien zieht.[31] Der Unterschied zwischen beiden ist ihr Charakter: Die Front über Japan ist durch einen hohen meridionalen Temperaturgra-

---

[27] Domrös/Peng S.40, Fig.3.5 [Abb.23], S.55; Ding S.1/2, S.11f.
[28] Ding S.7, 66-76, Fig.1.62 [Abb.24]
[29] Ding. S.84ff., Fig.1.74 [Abb.25]
[30] Domrös/Peng S.40 Fig.3.5 [Abb.23]
[31] Zum Verlauf der Front s.Domrös/Peng S.61, Fig.3.19 [Abb.26] sowie Ding S.52/53, Fig.1.53. Zum Verlauf der Strömungen zwischen Tibet- und Pazifikhoch s. [Abb.27].

dienten gekennzeichnet, die chinesische Front durch einen hohen meridionalen Gradienten im Dampfgehalt.[32]

Auch in ihrem Verhalten zeigen die beiden Fronten Unterschiede: Von März bis Juni bewegt sich nur die chinesische Front nordwärts, die Frontalzone, die zu Japan gehört, befindet sich noch über dem Pazifik und ist dort relativ ortsfest. Erst im Juli und August wandert auch die pazifische Front nach Norden und überstreicht dabei Japan. Aufgrund dieses unterschiedlichen Verhaltens der beiden Fronten kann erstens die ITC, d.h. der Monsuntrog, über dem Kontinent weiter nach Norden vordringen als über dem Meer, und zweitens kann dadurch die Theorie verifiziert werden, dass es sich bei der Mai-yü – Front und der Baiu – Front um *zwei* Frontensysteme handelt.

Mit der Bewegung der chinesischen Front kann der Westjet bei Tibet in Verbindung gebracht werden: Gleichzeitig mit dessen Sprung an den Nordrand des tibetischen Plateaus erscheint auch die Front im Bereich des Yangtze und wird dort stationär; ebenso plötzlich verlagert sich das subtropische Pazifikhoch nach Norden. Auch die weiteren Bewegungen der chinesischen Front verlaufen sprunghaft und kennzeichnen die Ankunft des Sommermonsuns in Mittel- und Nordchina Anfang bzw. Ende Juli.[33]

Die dynamischen Prozesse, die den Sommermonsun antreiben, werden von der Wärmesenke Australien und der Wärmequelle des Südchinesischen Meeres gesteuert.[34]

Im April können die südöstlichen Winde, die das subtropisch-randtropische Pazifikhoch umströmen, wieder bis Japan vordringen, woran sie bisher vom NW-Monsun gehindert worden waren. Im sogenannten „Dreimasseneck" zwischen Hongkong und Taiwan treffen sie auf den subtropischen SW-Monsun, der das Hochland von Tibet umfliesst und werden dadurch ebenfalls in südöstliche Richtung umgelenkt.

Dieses „Dreimasseneck" entsteht dadurch, dass – wie oben erwähnt – die ITC über dem Südchinesischen Meer abreisst; ebenso enden im Sommer aber auch die Polarfront über Südjapan und die Intertropikfront, die aus dem Aufeinandertreffen des indischen SW-Monsuns mit den sibirischen Luftmassen resultiert, über China. Aus dem Aufeinandertreffen kontinentaler Polarluft mit tropischer und äquatorialer Luft entstehen hier Zyklone; wenn sich das „Dreimasseneck" auf dem Pazifik befindet, bilden sich im Spätsommer und Frühherbst Taifune.

---

[32] Yoshino (1971) S.160
[33] Ding S.14-16.
[34] vgl. Ding S.11f.

Im Mai bewegt sich die subtropische westpazifische Antizyklone sprunghaft nordwärts – der Zusammenhang mit dem tibetischen Westjet wurde schon erwähnt – und der Zustrom transäquatorialer Luft nach Ostasien verstärkt sich.[35]

Wenn sich der Trog, der sich bei 60°E über Pakistan befindet, nach Osten und Süden verlagert, wandern auch die Westwinde südwärts und können jetzt ganz Süd- und Südostasien beeinflussen. Wiederum ist ein Zusammenhang mit dem Westjet gegeben.

Das Hochland von Tibet spielt bei der Genese des ostasiatischen Sommermonsuns generell eine grosse Rolle:

Beobachtungen zeigen, dass im Mai ein subtropisches Hoch in der oberen Troposphäre im 100mb – Bereich einen plötzlichen Sprung vollführt: Im März und April befindet es sich noch südöstlich der Philippinen, im Mai dann über Nordindien; während der restlichen Monsunsaison liegt es stabil über Tibet und bildet dort das Tibethoch.[36] Gleichzeitig mit diesem Sprung teilt sich der Westjet, der bis dahin südlich des tibetischen Hochlandes liegt, in einen nördlichen und einen – schwächeren – südlichen Arm;[37] der südliche Arm hat seinen Ursprung im Mittelmeerbereich und Nordafrika. Im Juli verschwindet er schliesslich ganz und der nördliche Arm wird bis Oktober allein wetterbestimmend in China.

Ausserdem steigt die Temperatur in der oberen Troposphäre über Tibet markant an, während in der Stratosphäre (im 30mb-Level) darüber die Temperatur einen ebenso markanten Tiefstwert erreicht.[38] In der *unteren* Troposphäre jedoch liegt über Tibet eine weitreichende Depression, die Auswirkungen auf den südasiatischen Monsun hat, während der ostasiatische Monsun offensichtlich von dem Hoch in der oberen Troposphäre beeinflusst wird.

Zusammenhänge zwischen den Hoch- und Tiefdruckgebieten in verschiedenen Schichten der Troposphäre zeigen sich in einer Betrachtung ganz Monsun-Asiens bei Wada in Yoshino (1971):[39] Es ergab sich, dass eine positive Korrelation zwischen den Hochs des Tibetischen Hochlandes und denen des Ostchinesischen Meeres bzw. Japans in fast allen Schichten exisitieren, dass jedoch die Druckverhältnisse über Indien keinen Einfluss auf die Ereignisse in Ostasien ausüben. Daraus zieht Wada zwei Schlüsse:

---

[35] gleichzeitig setzt auch in Indien der Monsun ein ! Vgl. Ding S.19, 25.
[36] Yoshino (1971) S.113, Fig.3 [Abb.28]
[37] Domrös/Peng S.54f., 66
[38] Yoshino (1971) S.115, Fig.4 [Abb.29], S.118
[39] Yoshino (1971) S.118/119

1. Zwischen der Troposphäre und der Stratosphäre existiert eine Temperaturkompensation ähnlich derjenigen zwischen dem Aleutentief in der Troposphäre und dem Aleutenhoch in der Stratosphäre, auch wenn dort die Temperaturverhältnisse umgekehrt liegen.

2. Das sog. „Ogasawarahoch" der mittleren Troposphäre steht in Verbindung mit dem Tibethoch, mit dem es sich bei geeigneter Zirkulation in der Stratosphäre verbindet und so eine „blocking situation" erzeugt, die für Japan eine Dürre bedeutet (siehe unten).

Obwohl – wie oben erwähnt – die Druckverhältnisse Indiens nicht direkt mit denen in Ostasien in Verbindung stehen, werden beide Regionen vom Tibethoch beeinflusst: Ist es stark ausgebildet und erstreckt sich weit nach Süden, hat Kalkutta wenig Niederschläge, im Gegensatz zu Westindien, wo dann hohe Niederschläge fallen. Interessanterweise wurde beobachtet, dass in Jahren heftiger Niederschläge in Indien auch das Pazifikhoch weiter nördlich liegt als gewöhnlich. Die Hintergründe bei dieser Korrelation müssen erst noch untersucht werden, doch scheinen Abspaltungen aus dem Tibethoch eine Rolle zu spielen.[40]

Das Tibethoch ist also einer der entscheidenden Faktoren für die Grosswetterlage in ganz Monsunasien, von Indien bis Japan.

Zusammen ergeben die erwähnten luftmassendynamischen Faktoren transäquatoriale Strömung und Verlagerung von Westjet und Pazifikhoch ein Wetterschema, das als der „Pflaumenregen" in China und Japan bekannt ist und den Beginn des Sommermonsuns markiert:[41]

Starke, stabile und feuchte SW-Winde destabilisieren die Luft südlich der quasistationären Front über China, die durch die feuchten Komponenten der äquatorialen sowie pazifisch-subtropischen Luft und durch ostwärts wandernde Wirbel[42] innerhalb der Front sowieso schon instabil ist, weiter und rufen schwere Regenfälle hervor. Sie beenden die Pflaumenblüte – daher der Name „Pflaumenregen".

---

[40] Ding S.44, 46.
[41] vgl. Domrös/Peng S.63, Fig.3.20 [Abb.30]
[42] diese wandernden Tiefdruckgebiete oder aussertropischen Zyklone treten v.a. im Frühjahr in Verbindung mit der sich aufbauenden Mei-yu – Front auf; sie überqueren das Ostchinesische Meer und wandern entlang der pazifischen Polarfront nach Norden. Vgl. Domrös/Peng S.69, Fig.3.23 [Abb.31].

Die Winde aus dem Pazifikhoch sind relativ trocken, dazu ist die Strömung –ebenso wie die vorher erwähnten SW-Winde – noch relativ flach. Sie ist auf die 700mb-Schicht begrenzt; darüber herrschen Westwinde vor.

Die Niederschläge an den Fronten sind deshalb so ergiebig und andauernd, weil die Tropikluft über dem subtropischen China, über der oft noch sehr feuchte äquatoriale Luftmassen liegen, ihren Einfluss bis weit nach Norden ausdehnen kann: Zwischen der Polarfront über Japan und der Intertropikfront über China existiert nämlich ein Loch, durch das tropische und sogar äquatoriale Luft nach Norden strömt. Es entsteht dadurch, dass die Winde aus dem südasiatischen (= tropischen) SW-Monsun durch die pazifischen (= subtropischen) Winde blockiert werden.[43]

In Jahren, in denen starke äquatoriale Westwinde die pazifischen Luftmas-sen nach Osten zurückdrängen, entsteht eine durchgehende ITC[44] über Indochina und die feuchten äquatorialen Luftmassen können nicht nach Norden vordingen; Ostasien erlebt ein Trockenjahr.

Die Polarfront bewegt sich im weiteren Verlauf des Sommermonsuns nach Norden. Für diese Bewegung ist im japanischen Bereich charakteristisch, dass sie nicht breitenkreisparallel verläuft, sondern als Drehung um einen Punkt in Nordhonshu – hier liegen auch die Maxima des jährlichen Niederschlags.

Dabei wird die südöstliche Komponente des ostasiatischen Monsuns wirksam: Mit dem zweiten „Sprung" von Pazifikhoch und ITC Mitte Juli in Richtung Norden wird der Einfluss der SW-Winde zurückgedrängt und der SE-Monsun beginnt.[45]

Da die Niederschläge an die Polarfront bzw. die Intertropikfront gebunden sind, enden sie in Japan, wenn die Polarfront den Archipel vollständig überquert hat; im Gegensatz zur meridionalen Wetterlage des Wintermonsuns ist die Wetterlage während des Sommermonsuns breitenkreisparallel.

Anfang August liegt die Polarfront über Nordchina, Hokkaido und den Kurilen, so dass der Rest Japans unter dem Einfluss des Pazifikhochs, d.h. des subtropisch-randtropischen Hochdruckgürtels zu liegen kommt: Die trockene Periode des japanischen Sommers hat begonnen. Dabei ist entscheidend, wie das Pazifikhoch aufgebaut ist.[46]

Besteht es aus zwei Zellen – das ist der Normalzustand – dann ist mit einem normalen, d.h. schwül-feuchten Sommer zu rechnen. Dabei stellen die beiden Zellen über dem West- bzw. Zentralpazifik zwei Stadien des wandernden Hochs dar: Das westliche ist ein fortge-

---

schrittenes Stadium, das schon nach Norden bzw. Westen gewandert ist, während das östlichere ein Juvenalstadium darstellt, das sich noch nicht weit von seinem Entstehungsort entfernt hat.[47]

Ist aber das Tibethoch so ausgeprägt, dass es sich über dem Ostchinesischen Meer mit einer dritten Hochdruckzelle, das Ogasawarahoch, verbindet, dann blockiert diese dritte Zelle den Zufluss feuchter äquatorialer Luft und Japan erlebt eine sommerliche Dürre.[48]

In China tritt diese hochsommerliche Trockenperiode auch auf. Auch hier ist sie an die Wanderung der Mei-yu – Front gebunden. Wie schon erwähnt, wandert das Pazifikhoch in Sprüngen nach Norden. Mitte Juli hat es den nördlichsten Punkt erreicht, und der Sommermonsun – durch die Ablenkung der SE-Winde an den Ausläufern des Tibethochs bzw. aufgrund der Kreisbewegung der Winde um das Pazifikhoch herum herrschen in Mittel- und Nordchina SW-Winde vor – erreicht den 45.Breitengrad. Die Westwindzone hindert das monsunale Windsystem daran, noch weiter auszugreifen. Schon ab Mitte August schwächt sich hier aber der Sommermonsun schon wieder ab, so dass eigentlich nur einen Monat lang von Monsun gesprochen werden kann. Trotzdem hängt es von diesem Monat ab, ob eine Dürre oder eine Überschwemmung das Land heimsucht.[49]

Auch der El Niño – Effekt beeinflusst die Lage des Pazifikhochs und damit den Ablauf des Sommermonsuns: Durch die Abkühlung des Westpazifiks während eines El Niño kommt auch das Pazifikhoch – und damit das Frontensystem über China und Japan – weiter südlich zu liegen, was eine Dürre in Südchina und Überschwemmungen im Yangtze-Gebiet und in Mittelchina zur Folge hat. Umgekehrt drückt die starke Konvektion bei den Philippinen bei abklingendem El Niño das Pazifikhoch nach Norden, was für Mittelchina Trockenheit bedeutet.[50]

Entsprechend der Wanderung bzw. Aufenthaltsdauer der Mei-yu – Front ist auch die jährliche Niederschlagsverteilung in China: Während Südchina bis zu 2000mm erhält, fallen in Nordchina nur 500-800mm. Die Rekordwerte für China betragen 6557,8mm für Nordtaiwan, also im Kernbereich des Dreimassenecks, und 16mm für Turba am Rand der Gobi, wo sich der Sommermonsun nicht mehr auswirkt.[51]

---

[46] Yoshino (1971) S.115, Ding S.36ff.
[47] Ding S.38/39.
[48] Ding S.45.
[49] Ding S.22/23.
[50] Ding S.48.
[51] Ding S.26.

Wandert bzw. schwenkt die Polarfont im September wieder südwärts, entsteht wieder die Baiu-Situation, d.h. ganz Japan erhält reiche Niederschläge. Diese Zeit wird „Akisame" oder „Shuru" genannt – die herbstliche Regenzeit, die aber im Unterschied zum Baiu auch häufig Taifune[52] bringt, die entlang des Kuroshiostroms durch das Loch zwischen Polar- und Intertropikfront ins Japanische Meer und nach Südjapan vordringen. Zusammen mit der chinesischen und japanischen Front wandert auch der Jet wieder nach Süden – wieder in Sprüngen, wie zu Beginn der Regensaison – und verlagert sich an den Südrand des tibetischen Hochlandes.

Wenn die Polarfront dann im Oktober wieder über dem Pazifik liegt, hat Japan wieder Schönwetter, bis sich der Wintermonsun wieder bemerkbar macht.

Der Motor der Bewegung der Polarfront ist also das Pazifikhoch: Breitet es sich während des Sommers nach Norden und Westen aus, drängt es die Antizyklone der Westwindzone zurück und kann – über das Ogasawarahoch – sogar mit dem Tibethoch in Verbindung treten. Dabei überstreichen die Wolken der Polar- und Intertropikfront Japan und China und bringen dort reiche Niederschläge, bis das Hoch selbst über diesen Gebieten zu liegen kommt und entweder warme und feuchte Luft aus dem subtropischen Pazifikraum bzw. dem tropischen Raum heranbringt oder aber – in der Situation des Ogasawarahochs – genau diese Luft abblockt.[53]

Durch das Wesen der Wanderung der Fronten über China und Japan als „Dreisprung" bzw. „Schwenk" trifft der Monsun in beiden Ländern nicht allmählich ein, sondern oft innerhalb nur eines Monats. Genauso schnell geht er wieder und macht dem Wintemonsun Platz. So hat Ostasien eigentlich nur zwei Jahreszeiten: Winter und Sommer; die Übergangsphasen Frühling und Herbst sind so kurz, dass sie nicht als eigene Jahreszeiten bezeichnet werden können.[54]

4. Die Auswirkungen auf den Menschen

Der Regenfallgürtel des chinesischen Sommermonsuns ist also in fünf Phasen einteilbar: Drei quasistationären Stadien und zwei Stadien abrupter Nord- bzw. Südwanderung. Diese Phasen unterliegen aber einer interannuellen Variabilität: Sie ist am geringsten in Südchina und im Gebiet des Plateaus von Tibet (10-15%) und steigt in Nord- und Nordostchi-

---

[52] zu Entstehung und Bahnen der Taifune s. Ding S.59f., Fig.1.57 sowie S.85 (Einfluss des tropischen Ostjets).
[53] Domrös/Peng S.54, Fig.3.15 [Abb.33].

na auf 15-30% an. Am höchsten ist sie in den ariden Halbwüsten- und Wüstengebieten Nordwestchinas, wo sie bis auf 50% oder sogar darüber ansteigen kann. Das hat natürlich Folgen für die dort lebenden Menschen, speziell für die Landwirtschaft:

Im Unterschied zu Süd- und Südostasien, wo mit einem einigermassen regelmässigen Verlauf des Monsuns gerechnet werden kann, müssen die Menschen in China damit rechnen, dass unter Umständen die Regenfälle des Sommermonsuns ganz ausfallen, z.B. wenn die Umkehr der Wanderung des monsunalen Regengürtels südlich seines normalen Umkehrpunkts in Nordchina stattfindet.

Südchina hat dagegen bedingt durch die zeitliche Nähe des Weiterwanderns der Monsunfront und dem Beginn der Taifunsaison mehr unter Überflutungen zu leiden. Die Situation wird dort zusätzlich verschärft durch grossräumige Totalabholzungen v.a. im Bereich des Oberlaufs des Yangtze.

Auch die Art der Landwirtschaft ist abhängig vom Sommermonsun:

Wo die monsunalen Niederschläge generell niedrig ausfallen, ist Landwirtschaft nur noch mit Bewässerung möglich[55] bzw. überhaupt nicht mehr möglich, so dass die nomadische Landnutzung überwiegt.

Demgegenüber wird im südlichen China v.a. Reis bzw. Weizen angebaut, in den trockeneren Regionen Hirse. Daneben werden noch diverse Kartoffel-, Gemüse- und Obstsorten angebaut sowie Ölfrüchte (v.a. Soja).

Die im subtropischen China kultivierten tropischen Früchte wie Ananas oder Bananen sind naturgemäss am anfälligsten gegen die Kälteeinbrüche während des Wintermonsuns. Ernteausfälle sind oft die Folge von besonders starken Kältewellen, die bis zur Insel Hainan gelangen.

In Japan sind die Auswirkungen der Monsune differenzierter: Aufgrund der Landesnatur ist der Wintermonsun auf den westlichen Landesteil beschränkt, während der Sommermonsun v.a. Südjapan betrifft.

Gerade im Winter sind die Unterschiede augenfällig: Während Westjapan unter einer meterhohen Schneeschicht begraben liegt, die jeglichen Verkehr unmöglich macht und den Bau beheizter Autobahnen erforderlich macht, herrscht auf der anderen, monsunabgewandten Seite Japans Frühling: Die Margeriten blühen und von Winter ist keine Spur zu sehen.[56]

---

[54] Ding S.23.
[55] China hat weltweit den höchsten Anteil an mit Bewässerungsanlagen versorgtem Kulturland !
[56] vgl. Anm.12

Der warme Kuroshio-Strom, der von Süden in das Japanische Meer strömt, trägt im Winter dazu bei, dass Südjapan mildes Klima hat, aber im Sommer ist er mit der Grund für die oft unerträgliche Schwüle und eine Leitbahn für die Taifune des Spätsommers und Herbstes.

Doch ohne den Kuroshio könnte Japan nicht existieren: Durch die kleinen Anbaugebiete war das Land v.a. in früheren Zeiten auf die Erträge des Fischfangs im Japanischen Meer angewiesen, wo durch das Zusammentreffen von warmem Kuroshio und kaltem Oyashio einer der reichsten Fischgründe der Welt existiert.[57]

So ist also Japan noch viel mehr als China vom Monsun geprägt. Das hat sich niedergeschlagen auf alle Bereiche des menschlichen Lebens: Der Hausbau ist davon genauso beeinflusst wie die geographische Verteilung der menschlichen Ansiedlungen und die Ernährung sowie das Sozialverhalten. Denn auch der Teeanbau ist in Japan wie in China durch den Monsun möglich, und damit die legendäre Teezeremonie.

5. **Ostasiatischer Monsun und Indischer Monsun**

Über das Tibethoch haben die beiden Monsunsysteme eine Verbindung, über die südwestlichen Winde, die aus dem indischen System nach Südchina strömen, eine zweite.

Insgesamt gesehen ist der ostasiatische Monsun jedoch unabhängig vom indischen Monsun zu sehen.

Das ist bsonders deutlich beim Wintermonsun: Sein Ursprung liegt in Sibirien, wo sich unabhängig vom tropisch-subtropischen indischen System ein Kältehoch ausbildet. Nur seine Südbegrenzung steht in Zusammenhang mit Luftmassen des subtropischen Bereichs.

Doch auch der Sommermonsun Ostasiens ist ein eigenständiges Gebilde: Seine Quellen liegen bei Australien und im Südchinesischen Meer, seine Dynamik resultiert aus der Aktivität des pazifischen Hochdruckgebildes und der Polar- bzw. Intertropikfront.

Diese Feststellung wird jedoch durch zwei Tatsachen eingeschränkt:

Erstens werden beide Systeme von den gleichen *Jetstreams* beeinflusst, um nicht zu sagen, in Gang gehalten.

Zweitens steht jeder Teil der Erdatmosphäre mit den anderen Teilen in Verbindung, auch wenn noch nicht alle Einzelheiten dieser Verbindungen geklärt sind. Schon aus diesem Grund kann nicht gesagt werden, das ein Teil des atmosphärischen Zirkulationssystems

---

[57] [Abb.9, 10]

eigenständig ist, schon gar nicht, wenn dieser Teil so weite Räume beeinflusst wie der ostasiatische Monsun.

6.　Literatur:

Asai, Tatsuro: The Short Dry Period in Mid-summer. In: The climate of Japan (Developments in atmospheric science 8). Tokyo/Amsterdam 1977.

Bissoli, Peter: Eiszeit in China unter Nordatlantikeinfluss. In: Naturwissenschaftliche Rundschau 9/1996. S.361.

Ding, Yihui: Monsoons over China. Dordrecht/Boston/London 1991.

Domrös, Manfred u. Peng Gongbing: The Climate of China. Berln/Heidelberg 1988.

Maejima, Ikuo: Seasonal and regional aspects of Japan´s weather and climate. In: The Association of Japanese Geographers (Hgg.): Geography of Japan.Tokyo 1980.

Pohl, Manfred (Hg.): Japan. Geographie – Geschichte – Kultur – Religion – Staat – Gesellschaft – Bildungswesen – Politik – Wirtschaft. Stuttgart/Wien 1986.

Scheidl, Leopold G.: Untersuchungen zur Geographie Mitteljapans. Wien 1943 / ^{2}1973. Diss.

Takahashi, Koichiro: Typhoons and Shûrin (Autumn Rain). In: The climate of Japan (Developments in atmospheric science 8). Tokyo/Amsterdam 1977.

Yoshino, Masatoshi M. (Hg.): Water balance of Monsoon Asia. Honolulu 1971.

Yoshino, Masatoshi M.: Bai-u, the Rainy Season in Early Summer. In: The climate of Japan (Developments in atmospheric science 8). Tokyo / Amsterdam 1977.

Yoshino, Masatoshi M.: The Winter Monsoon. In: The climate of Japan (Developments in atmospheric science 8). Tokyo/Amsterdam 1977.